Полак Юан Ёсé

Изучение спонтанных видов растений и городских деревьев

Полак Юан Ёсе́

Изучение спонтанных видов растений и городских деревьев

В качестве биоиндикаторов загрязнения городского воздуха в Баия-Бланка

ScienciaScripts

Imprint

Cover image: www.ingimage.com

This book is a translation from the original published under ISBN 978-620-2-15784-1.

Publisher:
Sciencia Scripts
is a trademark of
Dodo Books Indian Ocean Ltd. and OmniScriptum S.R.L publishing group

120 High Road, East Finchley, London, N2 9ED, United Kingdom
Str. Armeneasca 28/1, office 1, Chisinau MD-2012, Republic of Moldova, Europe
Printed at: see last page
ISBN: 978-620-7-35587-7

Долгое время я работал и упорно ждал этого момента, но я не смог бы сделать это в одиночку, я не могу себе этого представить. Вот почему я чувствую необходимость выразить словами, как я благодарен всем тем, кто сопровождал меня в этом прекрасном путешествии.

Спасибо Национальному университету Сур за предоставленную мне возможность начать, пройти и завершить этот замечательный этап.

Всему отделу разнообразия сосудистых растений и доктору Габриэле Мюррей за то, что позволила мне стать частью рабочей группы.

Моему директору, доктору Мелине Кальфуан, за предоставленную мне возможность работать с ней, за ее постоянную поддержку, предрасположенность и терпение.

Моему преподавателю Кристине Санхуэзе за ее слова поддержки и советы.

Моим родителям, которые дали мне жизнь и научили ее проживать.

Моей семье, которая доверяла мне с самого начала и приложила огромные усилия, чтобы я оказался так далеко.

Моим друзьям, которые всегда сопровождали меня в этом путешествии и являются очень важной опорой.

Моему партнеру Ане за ее безусловную поддержку, любовь и энергию, которую она всегда передает мне.

Оглавление

Резюме

Глобальная озабоченность качеством воздуха в городах растет, особенно в городах с высоким уровнем промышленного развития. Город Баия-Бланка является проблемной зоной, где сходятся последствия опустынивания, вторжения моря, промышленной деятельности и автомобильного транспорта.

В данной работе предлагается углубить существующие знания о травянистых и древесных видах, культивируемых и спонтанных, чтобы использовать их в качестве биоиндикаторов качества воздуха и, таким образом, предоставить информацию для разработки планов действий. Исследование проводилось в городе Баия-Бланка с сезонным отбором проб в течение всего года в центре города, порту/промышленном секторе и парковых кварталах, и полученные результаты сравнивались между собой. Была изучена пыльца *Chenopodium album, Cupressus sempervirens, Diplotaxis tenuifolia, Fraxinus pennsylvanica u Populus alba*. Для оценки жизнеспособности пыльцевых зерен выбранных видов использовалось пятно Александера (Alexander, 1969), а тесты на прорастание проводились на среде, обогащенной сахарозой. Результаты, полученные в тестах на жизнеспособность и прорастание, были соотнесены с данными мониторинга загрязнения воздуха и метеорологическими переменными. В результате можно сделать вывод, что как загрязняющие вещества, так и метеорологические переменные в большинстве случаев показывают отрицательную корреляцию в отношении жизнеспособности и прорастания пыльцы. Более высокий процент жизнеспособности и всхожести был зафиксирован в секторе отбора проб, где влияние загрязняющих веществ, насколько нам известно, было ниже.

Введение

Глобальная озабоченность качеством воздуха в городах растет, особенно в городах с высоким уровнем промышленного развития. Именно так обстоит дело в городе Баия-Бланка, где сходятся последствия опустынивания, вторжения морской стихии, промышленной деятельности и автомобильного транспорта.

Как и в других городах Аргентины, в Баия-Бланке не существует комплексных отчетов о химических характеристиках воздуха. В связи с этой ситуацией Межамериканский банк развития (IDB) включил город Баия-Бланка в программу технической помощи для развивающихся и устойчивых городов в марте 2016 года (IDB, 2016).

Важно отметить, что в отношении твердых частиц в атмосфере природоохранные органы Баия-Бланки сосредоточили свое внимание на мониторинге гравиметрических концентраций, чтобы контролировать соответствующие нормы, учитывая, что за последние годы количество автомобилей выросло на 25 000, увеличилась химическая и нефтехимическая промышленность, а в городе появились предприятия по производству зерна. Мониторинг качества воздуха показывает, что показатели твердых частиц (PM10) обычно превышают рекомендуемые значения в Инг. Уайт, а оксиды азота (NO_x), оксиды серы (SO_x) и оксиды углерода (CO_x) выше в центре города (Calidad de Aire. EMCABB I, 2021).

Для мониторинга качества воздуха в конкретном месте можно использовать различные методы, один из которых - изучение биоиндикаторов. Организм считается биоиндикатором, если он демонстрирует реакцию, которую можно определить в зависимости от степени нарушения окружающей среды. Пыльца является биоиндикатором атмосферного загрязнения (Comtois & Schemenauer, 1991; Faur *et al.,* 2012; Gottardini *et al.,* 2004; Iannotti *et al.,* 2000; Micieta & Murín, 1998; Narkhedkar, 2021; Wolters & Martens, 1987). Это можно наблюдать, например, в полевых и лабораторных исследованиях с растениями рода *Nicotiana*, где было показано, что загрязнители воздуха от автомобильного движения подавляют прорастание и длину пыльцевых трубок, при этом наблюдалась значительная корреляция между концентрацией NO_x и длиной пыльцевых трубок (Flückiger *et al.*, 1978).

В случае с городом Баия-Бланка влияние атмосферных загрязнителей, образующихся в результате агропромышленной и нефтехимической деятельности, а также автомобильного движения, на пыльцу местных и спонтанных видов неизвестно. Знание этих данных позволило бы использовать пыльцу растений региона в качестве биоиндикатора экологических ситуаций, которые могут нанести вред здоровью населения, а также передать полученные знания исследовательским и правительственным секторам посредством проведения дней распространения и обсуждения, чтобы обеспечить принятие решений, направленных на улучшение качества жизни.

Эта диссертация является частью проекта PGI "Аэробиология и здоровье. Исследование пыльцы и грибковых спор в воздухе города Баия-Бланка и их использование в качестве экологических биоиндикаторов" SGCyT Национального университета Сур, руководимого доктором Марией Габриэлой Мюррей (Период 20222025).

Общая цель

Изучить влияние атмосферных загрязнителей и факторов окружающей среды на пыльцу культивируемых и спонтанных видов в городе Баия-Бланка, чтобы использовать ее в качестве биоиндикатора.

Конкретные цели:

- Определить виды, пыльцевые зерна которых могут быть хорошими биоиндикаторами местной ситуации с загрязнением воздуха (Баия-Бланка, провинция Буэнос-Айрес).
- Оценить способность к прорастанию и жизнеспособность пыльцевых зерен выбранных видов в различных районах Баия-Бланка.
- Разграничьте индивидуальное влияние загрязнителей воздуха на качество и жизнеспособность пыльцевых зерен изучаемых видов.
- Предоставить исходную информацию для разработки местной экологической политики по снижению ущерба, наносимого выбросами аэрозолей и их прекурсоров, а также их переносом в атмосфере.

Гипотеза

Загрязняющие вещества, содержащиеся в атмосфере города Баия-Бланка в результате промышленной деятельности и автомобильного движения, оказывают негативное влияние на жизнеспособность и всхожесть пыльцы культурных и спонтанных, древовидных и травянистых видов. Это означает, что пыльца определенных видов может быть использована в качестве биоиндикатора загрязнения окружающей среды.

Материалы и методы

Описание мест отбора проб

Исследование проводилось в городе Баия-Бланка с отбором проб в центре города, порту/промышленном секторе и парковых кварталах (Рис. 1) в период полного цветения выбранных видов.

- Городская территория: она была определена как квадрант, включающий микро- и макроцентры города, на основе официальной информации муниципалитета Баия-Бланки (Municipio de Bahía Blanca [MBB], n.d.). При выборе мест для отбора проб предпочтение отдавалось главным улицам или улицам с наибольшим транспортным потоком.
- Сектор парковых кварталов: включает в себя кварталы, расположенные на окраинах города. Здесь низкий уровень автомобильного движения, а также ожидается меньшее влияние загрязняющих веществ из промышленного сектора из-за удаленности от него.
- Промышленный/портовый сектор: включает в себя район, где расположены крупные химические и нефтехимические заводы города, в непосредственной близости от порта Баия-Бланка.

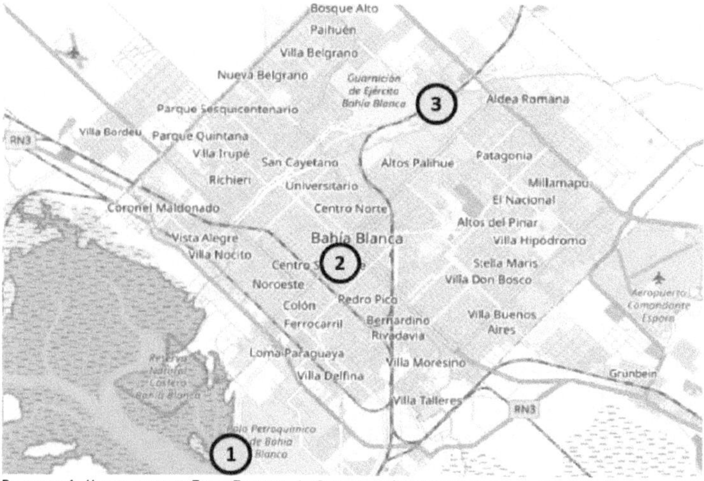

Рисунок 1: Карта города Баия-Бланка. 1- Сектор нефтехимического полюса. 2- Сектор центра города. 3- Сектор Паркового квартала.

Описание изучаемых видов

Chenopodium album L. (Рис. 2 и 3)

Однолетнее или двулетнее растение, очень полиморфное как из-за генетической изменчивости, так и из-за изменений под влиянием окружающей среды, высотой от 0,50 до 2,50 м. Стебель прямостоячий, лигнифицированный в нижней части, покрытый в нежных частях белыми или пурпурными везикулярными волосками, ветвистый по всей длине. Листья черешковые, нижние - дельтовидные, ромбовидные, трехлопастные, неравномерно зубчатые, верхние - ланцетные, цельные, непильчатые. Листья также покрыты белыми или пурпурными везикулярными волосками. Цветки собраны в метелки из гломерул. Чашелистик с 5 свободными чашелистиками до середины. Тычинок 5. Рыльца 2-3, нитевидные. Плод окружен чашечкой, околоплодник мембранный, коричневатого цвета. Семена линзовидные с заметным радикулом, черные или красноватые (Cabrera, 1967).

Встречаются на территориях, полностью измененных деятельностью человека. Сообщества промежуточного типа между водной и наземной средой, существование компонентов которых обусловлено определенным качеством или уровнем воды (SIB, 2023).

Цветение: в течение лета и ранней осенью.

Пыльца: Монады. Зерна аполярные (или гетерополярные), инапертурные, сфероидальные, от 22 до 30 мкм в диаметре. Амба круглая. Экзина компактная на вид, толщиной 2 мкм, псилтатная, с корпускулами на поверхности (Forcone A., 2014).

Рисунок 2: Общий вид образца *Chenopodium album*.

Рисунок 3: Деталь терминального конца экземпляра *Chenopodium album,* показывающая пазушные соцветия.

***Cupressus sempervirens* L. (Рис. 4 и 5)**

Дерево до 30 м, с быстрорастущими [f. sempervirens] или патентно-восходящими ветвями [f. horizontalis (Mill.) Voss]; листья 0,5-1 мм, тупые; стробилы 2,5-4 см, серовато-коричневые в зрелом состоянии, с 8-14 туповато-мукронатными чешуйками (Castroviejo S., 1986).

На протяжении тысячелетий она широко культивировалась как декоративное и лесное дерево, очень характерное для парков и кладбищ. Это дерево широко культивируется в Аргентине, оно быстро растет в первые годы на любом типе почвы, а его древесина отличается долговечностью.

Существует несколько форм: *C. sempervirens* var. *horizontalis* с пирамидальной кроной и *C. sempervirens* var. *stricta* с колонновидной кроной.

Период выделения пыльцы начинается в конце зимы до середины весны, с пиком в августе.

Пыльца: инапертурная, язвенная, гетерополярная, сфероидальная, круглая в полярном виде (23,55 мкм). Радиально симметричная. Цитоплазма звездчатой формы. Шероховатая поверхность, с многочисленными орбицеллами (Nitiu *et al*, 2019). Анемофильное опыление. Сильно аллергенны.

Рисунок 4: Общий вид экземпляра *Cupressus sempervirens*.

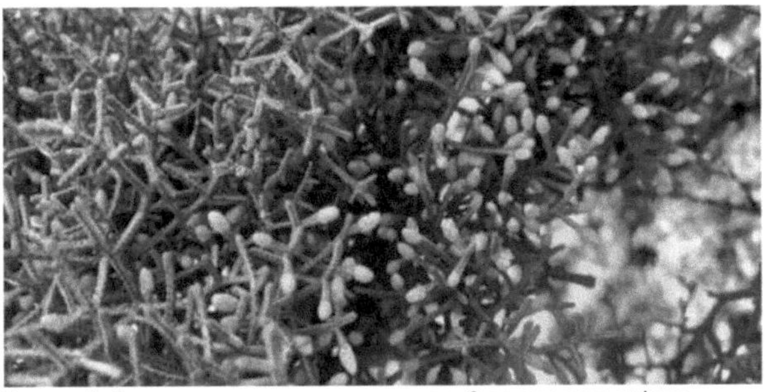

Рисунок 5: Деталь мужских шишек экземпляра *Cupressus sempervirens*.

Diplotaxis tenuifolia **(L.) De Candolle (Рис. 6 и 7)**

Однолетние или многолетние травы (редко древесные растения), с очередными листьями, расположенными в розетке, почти голыми стеблями, голыми или с простыми волосками и желтыми цветками в перепончатых гроздьях. Цветки гермафродитные, обычно актиноморфные. Чашелистиков 4, открытые, неравные и шиловидные, расположены в 2 ряда. Лепестки 4, чередуются с чашелистиками, обычно с когтями. Тычинок 6, тетрадинамные. Рыльца 2, объединенные своими краями и образующие двустворчатую завязь благодаря развитию перегородки, образованной плацентами. Завязи обычно многочисленные, анатропные или кампилотропные. Рыльца 2 напротив плаценты, короткий стиль. Силики удлиненные, линейные, сжатые, с неопущенными клапанами; перегородка мембранная. Семена расположены в два ряда (Cabrera, 1967).

Встречается в рудеральной местности, вдоль дорог и железнодорожных путей, где часто образует большие популяции. Родом из Европы. Азии, Малой Азии и Северной Африки. Широко распространен в Патагонии. Экзотический (SIB, 2023).

Цветение: с сентября по апрель.

Пыльца: Монады, изополярные зерна, радиосимметричные, трехлопастные, сфероидальные, пролате-сфероидальные, до субпролате. Амбразура круглая. Полярный диаметр 35-42 мкм, экваториальный диаметр 32-36 мкм. Колпи длинные с неровными краями и зернистой мембраной. Экзина

Рисунок 6: Деталь цветков экземпляра *Diplotaxis tenuifolia.*

Полуархиттатные, сетчатые, стенки симплибакулярные, капитулярные, просветы сетки 2-3,5 мкм, ширина уменьшается по направлению к полюсам. Толщина экзины 4 мкм (Forcone A., 2014).

Рисунок 7: Общий вид образцов *Diplotaxis tenuifolia.*

Fraxinus pennsylvanica Marshall (Рис. 8 и 9)

Дерево до 25(40) м, двудомное, с трещиноватой корой у взрослых экземпляров, серовато-коричневого цвета. Ветви красновато-коричневые, молодые ветви голые, с коричневыми или красновато-коричневыми опушенными зимними почками. Листья бесчерешковые, с 57(9) листочками, черешок 35,9-80 мм, голый или опушенный, листовая пластинка 150-270 мм; листочки яйцевидно-ланцетные, продолговато-ланцетные или эллиптические, зубчато-эрратные, с большим количеством зубцов, чем вторичных жилок, острые или заостренные на верхушке, у основания опушенные и асимметричные, с нижней стороны опушенные или томентозные на нижней половине серединки, реже голые; конечный листочек с черешком до 32 мм, опушенный, лопасть 85-143 × 42-53 мм, иногда цельная в нижней половине; боковые листочки с черешком до 4,9 мм, лопасть 45,7-157 × 15,8-48,4 мм. Соцветие метельчатое, густое, пазушное или конечное, на ветвях предыдущего года, до появления листьев. Цветки однополые - мужские или женские - моноклемные, верхушечные; цветоножка в цветке 1,2-9,7 мм, голая или очень слабо шероховатая, в плоде до 9,3 мм. Чашечка 0,2-1,8 × 0,4-1,1 мм, сердцевидная, стойкая, голая; зубцы 0,3-1,1 мм, очень неравные. Андроцерий с (2)3-4(5) тычинками; нити 0,2-0,7 мм; пыльники 2,9-5,2 мм, линейно-продолговатые, верхушечные, зеленые или фиолетовые. Стиль 0,5-1,2 мм, простой; рыльце 0,8-2,4 мм, двулопастное. Самарий 23,4-45,2 × 3,8-6,5 мм, линейно-продолговатый или продолговато-ланцетный, тупой или заостренный, иногда выемчатый, желтовато-коричневый, с семенем, помещенным в полость круглого сечения; крыло отходит к середине семенного тела плода. Семена 8,2-11,2 × 1,52,4 мм, фузиформные, полосатые, коричневатого цвета, приплюснутые, с зародышем среднего размера и обильным эндоспермом (Castroviejo S., 2012).

Цветение: с сентября по ноябрь.

Пыльца: пыльца тетраколпатная, изополярная, радиально-симметричная, 20,73 x 24,96 мкм. Четырехугольная в полярном виде и от подкруглой до эллиптической в экваториальном виде. Плиссированная апертурная мембрана.

Ретикулярная поверхность с нерегулярными люменами (Nitiu *et al.,* 2019).

Рисунок 8: Общий вид экземпляра *Fraxinus pennsylvanica.*

Рисунок 9: Деталь соцветия экземпляра *Fraxinus pennsylvanica*.

Populus alba **L. (Рис. 10)**

Дерево высотой до 25 м. Ствол цилиндрический, прямой или гибкий, с белым или сероватым ритидом, гладкий у молодых стволов, продольно растрескивающийся до определенной высоты у старых деревьев; широкая, нерегулярно открытая, ясная крона; цилиндрические, бело-томентозные макробласты. Зимующие почки яйцевидные или яйцевидно-конические, сначала беловато-томентозные, затем красноватые и голые, не слизистые. Листья с коротко сжатым черешком и бело-томентозной лопастью с обеих сторон, затем темно-зеленые с верхней стороны и белые или серовато-зеленые с нижней; у брахибластов черешок 2-3 см, лопасть (1,5)4-9 × (11)3-7 см, суборбикулярная, субэллиптическая или субпентагональная, край цельный или сизовато-зубчатый; Макробласты с черешками длиной до 17 см и лопастями 6-12 см, очень полиморфные, пальчато-лопастные, дельтовидные или яйцевидно-продолговатые, обычно сердцевидные в основании. Опушение преждевременное, цилиндрическое, чешуйки мужских рылец продолговатые или эллиптико-клиновидные, на верхушке неравномерно зубчатые или субинтентные, волосистые; женских рылец - яйцевидно-ланцетные, гребенчатые или почти цельные, волосистые. Цветки с цельным нектарным диском, косо усеченным; мужские цветки с (3)8(10) тычинками, с очень короткими нитями и пурпурными пыльниками сначала, затем желтыми; женские цветки с короткой цветоножкой, яйцевидно-конической завязью и 2 желтовато-зелеными, двураздельными, разветвленными рыльцами. Капсула около 4 мм, продолговато-коническая, несколько шероховатая (Castroviejo S., 2006).

Цветение: весна.

Пыльца: инапертурная, аполярная с радиальной симметрией. Круглая в полярном виде и субкруглая в экваториальном виде (31,30 мкм). Поверхность перфорированная - мелко сетчатая (Nitiu et al, 2019). Опыление анемофильное.

Рисунок 10: Общий вид образца *Populus alba*.

Виды	Семья	Привычки	Период цветения
Chenopodium album	Amaranthaceae	Трава	Декабрь-март
Cupressus sempervirens	Cupressaceae	Дерево	Июль-октябрь

Diplotaxis tenuifolia	Brassicaceae	Трава	Сентябрь-апрель
Fraxinus pennsylvanica	Oleaceae	Дерево	Сентябрь - Ноябрь
Populus alba	Salicaceae	Дерево	Сентябрь - Ноябрь

Таблица 1: Список отобранных видов.

Тесты на жизнеспособность пыльцы

Для оценки жизнеспособности пыльцевых зерен проводились тесты с использованием колориметрического метода Александра (Alexander, 1969). Он заключается в окрашивании пыльцевых зерен из свежевскрытых пыльников 1%-ным раствором малахитового зеленого в этаноле и кислотного фуксина. Чтобы избежать возможных колебаний в процентах жизнеспособности из-за времени, прошедшего с момента атезиса, все тесты проводились сразу после выхода пыльцы. Для достижения этой цели в лабораторию были доставлены закрытые цветки каждого из выбранных видов. Для каждого сектора отбора проб были проанализированы образцы с трех растений, с каждого растения были отобраны три ветви из разных квадрантов, и с каждой ветви были сделаны три реплики, подсчитывая минимум 100 пыльцевых зерен в каждой реплике (Calfuan, 2015). Таким образом, в общей сложности получился 81 образец для тестирования на жизнеспособность в каждом отобранном секторе для каждого вида.

Тесты на прорастание пыльцы

Чтобы оценить всхожесть пыльцевых зерен, культивирование in vitro проводилось в обогащенной сахарозой среде с инкубацией в течение 24 часов в темноте при комнатной температуре (Wang *et al.,* 2004). Чтобы избежать возможных колебаний в процентах прорастания из-за времени, прошедшего с момента атезиса, все тесты проводились сразу после высвобождения пыльцы. Для достижения этой цели в лабораторию были доставлены закрытые цветки каждого из выбранных видов. Для каждого сектора были проанализированы образцы с трех растений, с каждого растения были отобраны три ветви из разных квадрантов, и с каждой ветви были сделаны три реплики, подсчитывая минимум 100 пыльцевых зерен в каждой реплике (Calfuan, 2015). Таким образом, в общей сложности получился 81 образец для тестов на всхожесть для каждого сектора, отобранного для каждого вида.

Данные о загрязнителях получены со станции мониторинга качества воздуха в Баия-Бланка (EMCABB).

Чтобы соотнести данные, полученные в результате тестов на жизнеспособность и всхожесть, с показателями загрязнения воздуха, мы использовали данные, собранные EMCABB и опубликованные на официальном сайте муниципалитета Баия-Бланки. В настоящее время работает только станция мониторинга, расположенная в секторе промышленного парка, в то время как станция, расположенная в центре города, неактивна. Таким образом, возникает ограничение, связанное с невозможностью получить обновленные данные об уровне загрязняющих веществ в другом секторе. По этой причине для секторов "парковые кварталы" (с сентября по ноябрь 1998 г.) и "центр" (с декабря 1997 г. по май 1998 г.) в качестве эталона использовались опубликованные данные за предыдущие годы.

Метеорологические данные, полученные из Национальной метеорологической системы (SMN)

Для получения данных о переменных местной метеостанции, таких как средняя температура, относительная влажность и скорость ветра, использовалась доступная информация из SMN. Эти переменные были выбраны, поскольку именно они, как было зарегистрировано, в наибольшей степени влияют на жизнеспособность и прорастание пыльцы (Aronne *et al.,* 2016; Aronne *et al.,* 2014; Biondi *et al.,* 2012; Fernández *et al.,* 1983; Iovane *et al.,* 2022; Vuletin Selak *et al.,* 2013). Например, высокие температуры во время микроспорогенеза могут повлиять на функциональность пыльцевого зерна. Было зафиксировано, что короткие периоды высокой температуры могут ускорить процессы старения пыльцы *Solanum lycopersicum* L. и, как следствие, привести к тому, что жизнеспособность упадет до нуля еще до того, как пыльца будет перенесена (Iovane *et al.,* 2022). Аналогичные результаты были зафиксированы у *Gossypium hirsutum* L. (Masoomi-Aladizgeh *et al.,* 2020), *Phaseolus vulgaris* L. (Porch & Jahn, 2001) и *Prunus armeniaca* L. (Szalay *et al.,* 2019). На функциональность пыльцы также сильно влияет взаимодействие высокой температуры и относительной влажности (Aronne, 1999).

Метеорологические переменные, использованные для корреляционного анализа, соответствуют средним сезонным значениям за период отбора проб.

Статистический анализ

После того, как все данные были собраны, был проведен статистический анализ с использованием коэффициента корреляции Пирсона, исходя из того, что он наиболее подходит для измерения степени связи между различными переменными: прорастанием пыльцы, жизнеспособностью пыльцы, атмосферными загрязнителями и метеорологическими переменными.

Результаты

Для каждого места отбора образцов были получены следующие проценты всхожести и жизнеспособности видов *Chenopodium album* (Таблица 2; Рис. 1 и 2):

Эссе/Сектор	Порт/промышленность	Центр города	Парковые районы
Технико-экономическое обоснование	14,22%	38,54%	95,51%
Прорастание	0,00%	0,00%	0,00%

Таблица 2

График 1: Процентное соотношение жизнеспособных и нежизнеспособных пыльцевых зерен для каждого места отбора проб. Над столбиками указаны
выражает количество пыльцевых зерен, подсчитанных для каждой категории.

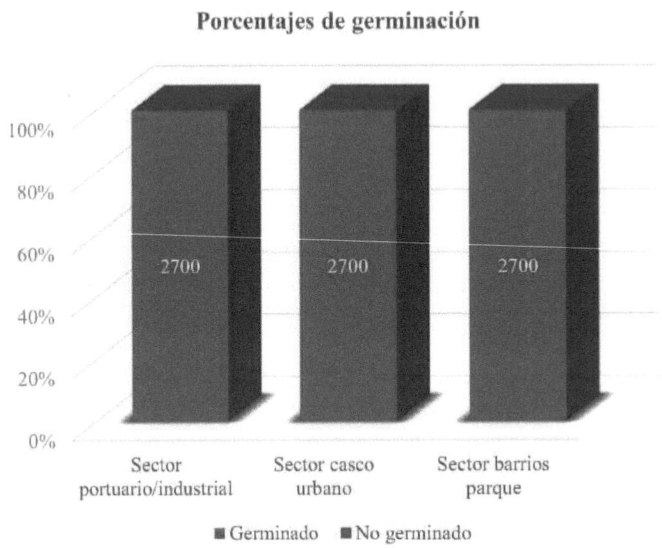

Рисунок 2: Процент проросших и не проросших пыльцевых зерен для каждого места отбора проб. Количество пыльцевых зерен, подсчитанных для каждой категории, показано над столбиками.

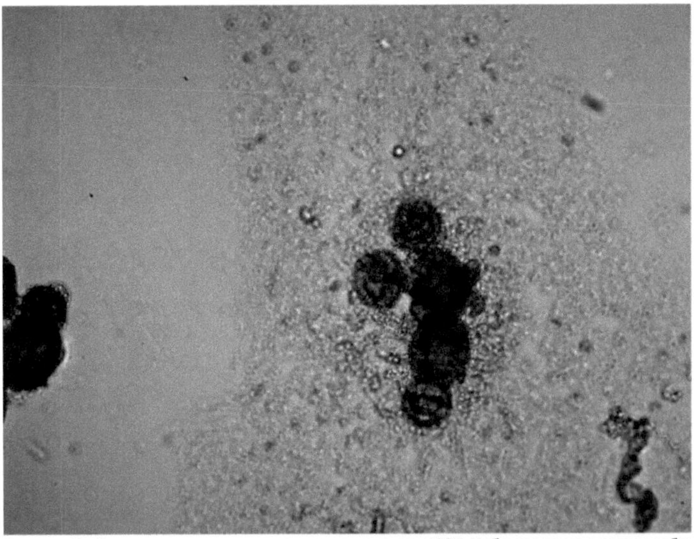

Рисунок 11: Вид с оптического микроскопа, увеличение 400X. Наблюдаются жизнеспособные пыльцевые зерна *Chenopodium album*, окрашенные в фуксиновый цвет, и нежизнеспособные зеленые пыльцевые зерна.

Для видов *Cupressus sempervirens* (Таблица 3; Рисунки 3 и 4)

Эссе/Сектор	Порт/промышленность	Центр города	Парковые районы
Технико-экономическое обоснование	87,47%	85,13%	86,68%
Прорастание	0,58%	0,00%	0,00%

Таблица 3

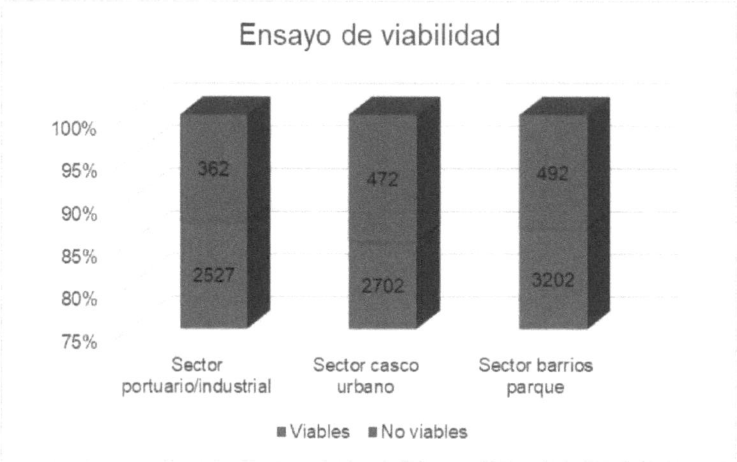

Рисунок 3: Процентное соотношение жизнеспособных и нежизнеспособных пыльцевых зерен для каждого места отбора проб. Количество пыльцевых зерен, подсчитанных для каждой категории, показано над столбиками.

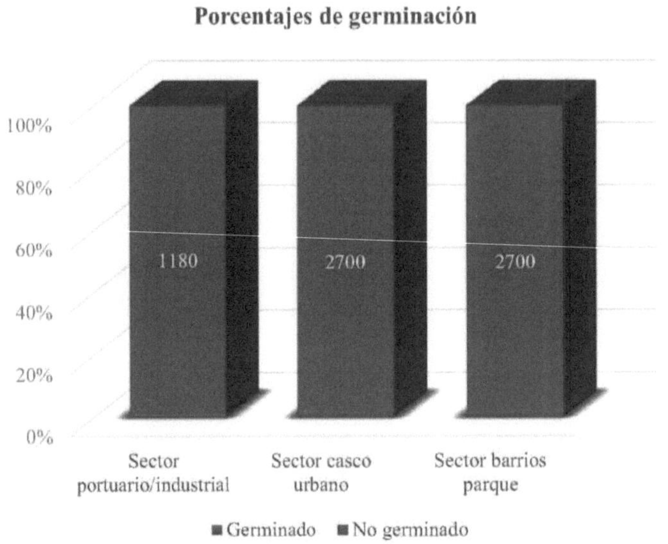

Рисунок 4: Процент проросших и не проросших пыльцевых зерен для каждого места отбора проб. Количество пыльцевых зерен, подсчитанных для каждой категории, показано над столбиками.

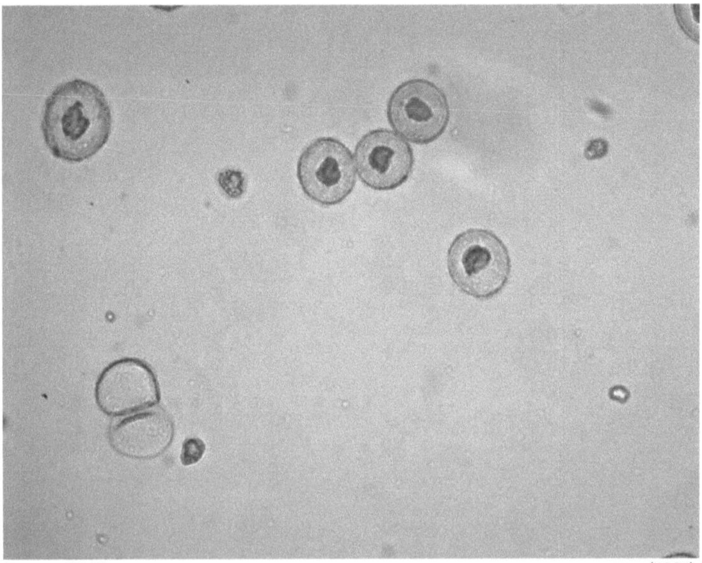

Рисунок 12: Пыльцевые зерна кипариса, рассмотренные под световым микроскопом (400X). Зерна с окрашенной фуксином цитоплазмой являются жизнеспособными. Внизу слева - два разрушенных зерна.

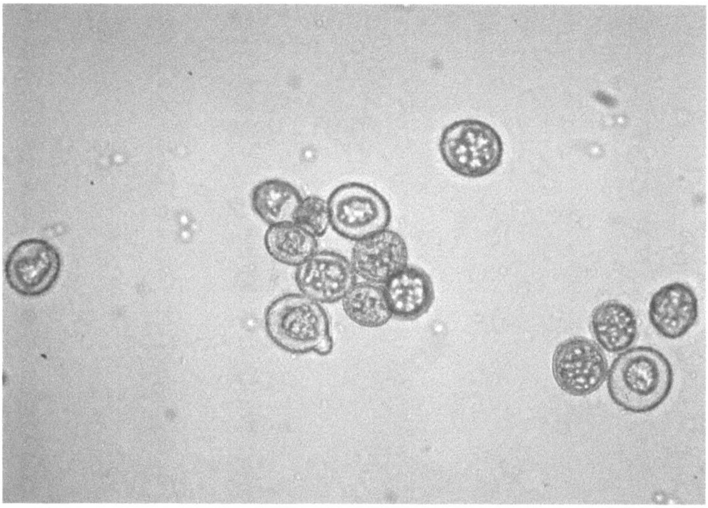

Рис. 13: Пыльцевые зерна кипариса, рассмотренные под световым микроскопом (400X). В центре видно пыльцевое зерно с небольшим выступом пыльцевой трубки.

Для вида *Diplotaxis tenuifolia* (Таблица 4; Рисунки 5 и 6)

Эссе/Сектор	Порт/промышленность	Центр города	Парковые районы
Технико-экономическое обоснование	92,29%	85,79%	98,66%
Прорастание	0,00%	0,00%	0,00%

Таблица 4

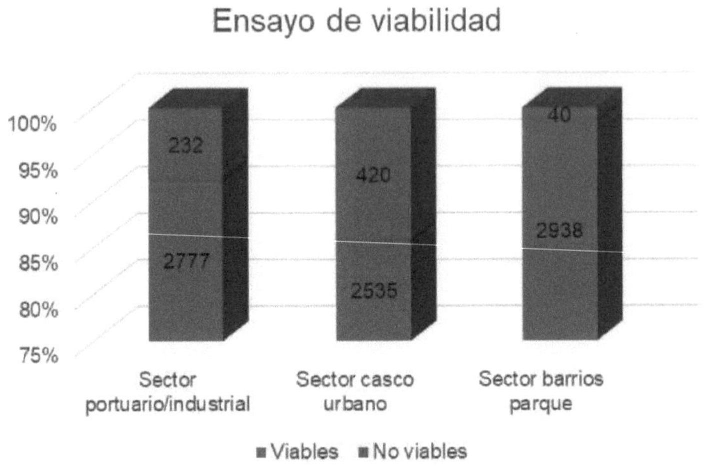

Рисунок 5: Процентное соотношение жизнеспособных и нежизнеспособных пыльцевых зерен для каждого места отбора проб. Количество пыльцевых зерен, подсчитанных для каждой категории, показано над столбиками.

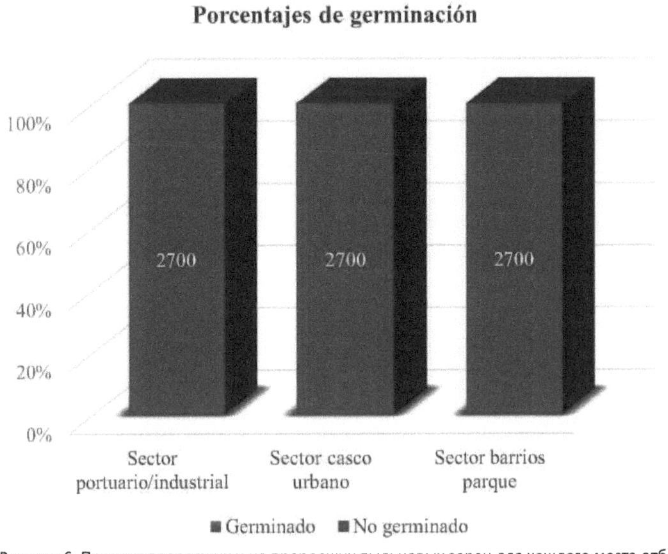

Рисунок 6: Процент проросших и не проросших пыльцевых зерен для каждого места отбора проб. Количество пыльцевых зерен, подсчитанных для каждой категории, показано над столбиками.

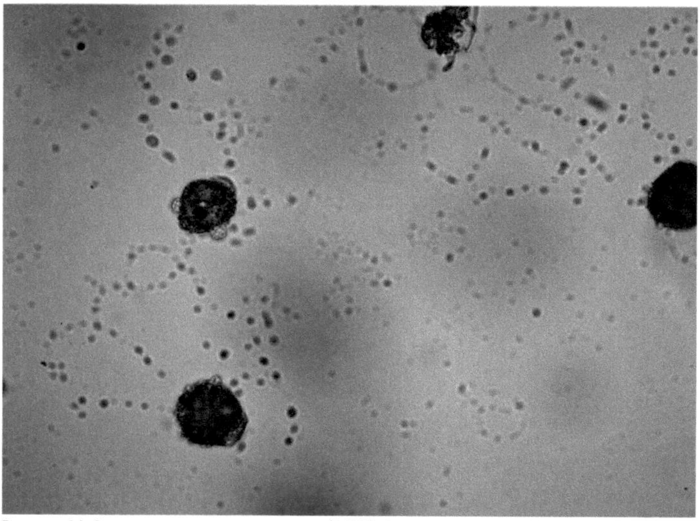

Рисунок 14: Вид с оптического микроскопа (400X). Видны жизнеспособные пыльцевые зерна *Diplotaxis tenuifolia, окрашенные в* фуксиновый цвет.

Для вида *Fraxinus pennsylvanica* (таблица 5; рисунки 7 и 8)

Эссе/Сектор	Порт/промышленность	Центр города	Парковые районы
Технико-экономическое обоснование	83,67%	90,18%	92,42%
Прорастание	3,04%	1,91%	3,41%

Таблица 5

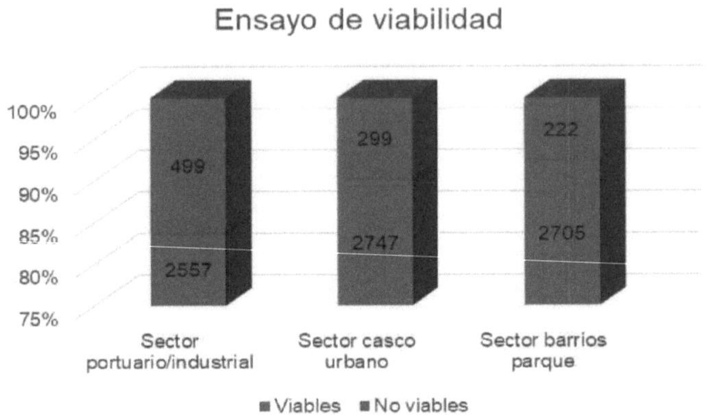

Рисунок 7: Процентное соотношение жизнеспособных и нежизнеспособных пыльцевых зерен для каждого места отбора проб. Количество пыльцевых зерен, подсчитанных для каждой категории, показано над столбиками.

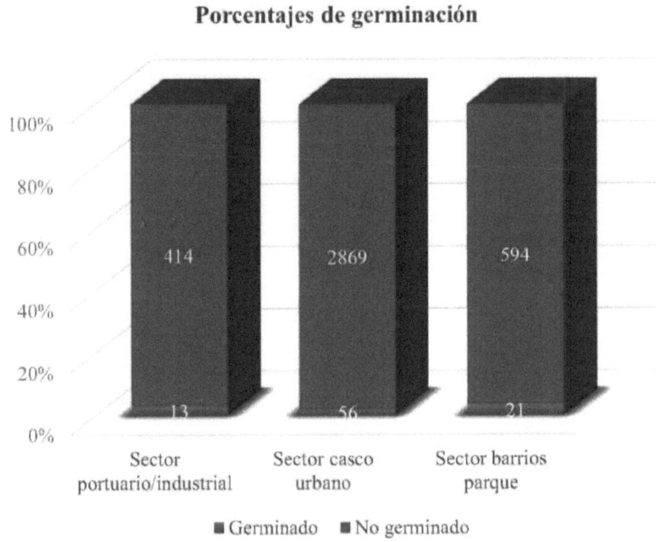

Рисунок 8: Процент проросших и не проросших пыльцевых зерен для каждого места отбора проб. Количество пыльцевых зерен, подсчитанных для каждой категории, показано над столбиками.

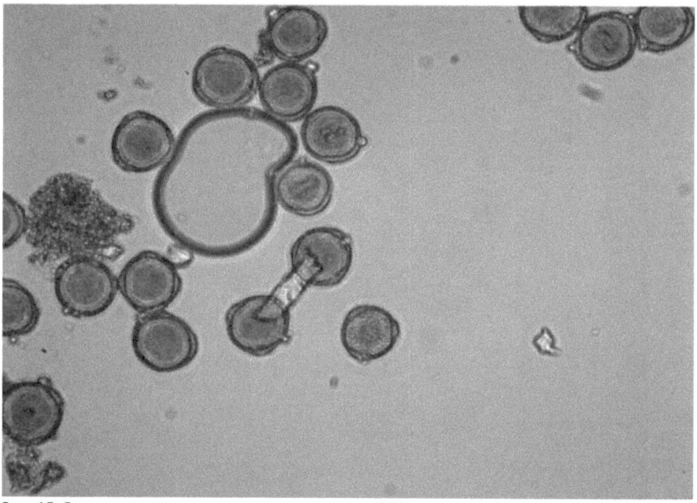

Рис. 15: Вид с помощью оптического микроскопа, 400-кратное увеличение, пыльцевых зерен после теста на жизнеспособность.

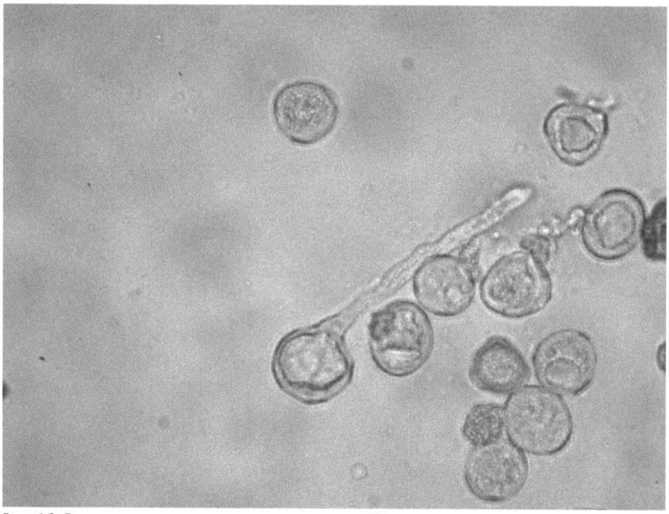

Рис. 16: Вид под оптическим микроскопом при 400-кратном увеличении, пыльцевые зерна ясеня после прорастания энса' . Видна длинная проекция пыльцевой трубки.

Для видов *Populus alba* (Таблица 6; Рис. 9 и 10)

Эссе/Сектор	Порт/промышленность	Центр города	Парковые районы
Технико-экономическое обоснование	80,32%	84,28%	94,64%
Прорастание	1,37%	0,58%	4,21%

Таблица 6

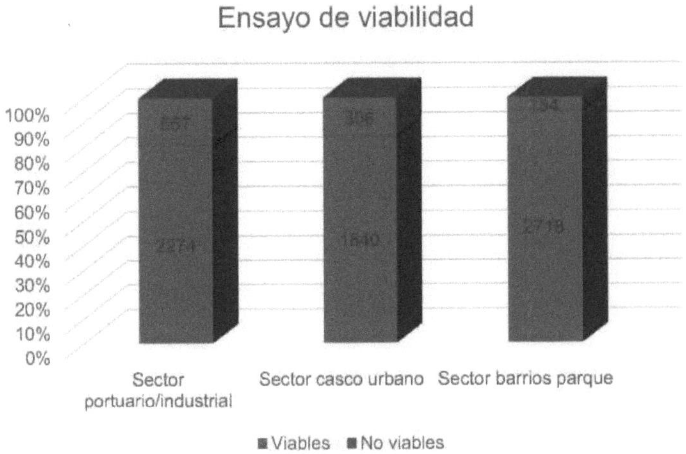

Рисунок 9: Процентное соотношение жизнеспособных и нежизнеспособных пыльцевых зерен для каждого места отбора проб. Количество пыльцевых зерен, подсчитанных для каждой категории, показано над столбиками.

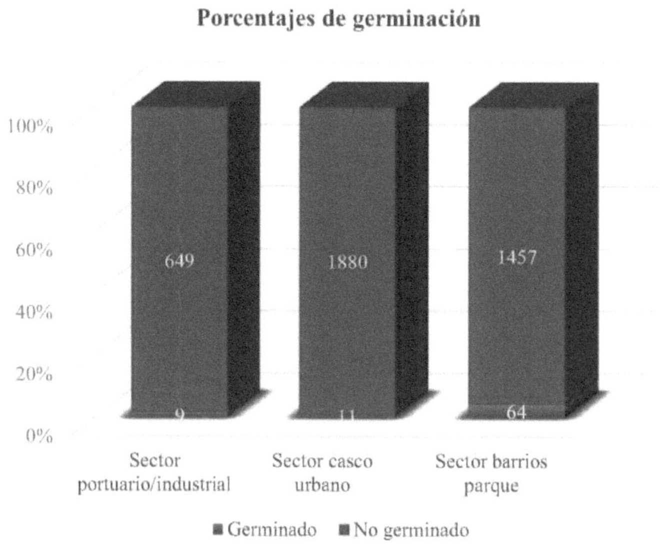

Рисунок 10: Процент проросших и не проросших пыльцевых зерен для каждого места отбора проб. Количество пыльцевых зерен, подсчитанных для каждой категории, показано над столбиками.

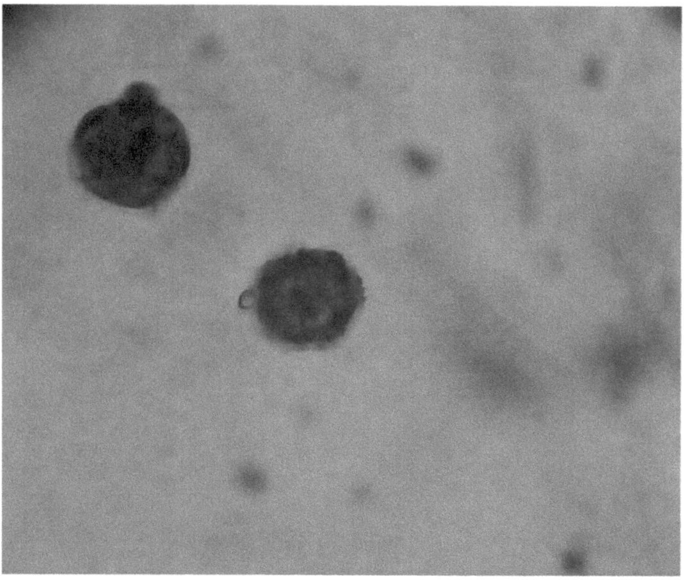

Рисунок 17: Вид с оптического микроскопа. Наблюдаются два жизнеспособных пыльцевых зерна тополя, окрашенных колориметрическим тестом Александра.

Результаты, полученные на основе коэффициентов корреляции для каждого из мест отбора проб загрязнителей воздуха и метеорологических данных:

- Сектор индустриальных парков (таблица 6 и 7, соответственно):

Коэффициент с сайта корреляция	CO (ppm)	O3 (ppb)	SO2 (ppb)	PM10 i(µg/m)^3	NO2 (pbb)	HET (pbb)	NOx (pbb)
Chenopodium Альбом целесообразности	-0,702(**)	0,993 (**)	-0,371 (**)	0,958(**)	-0,427(**)	-0,588 (**)	-0,514(**)
Diplotaxis tenuifolia жизнеспособность	0,697 (**)	-0,093(**)	0,921 (**)	0.304 (ns)	0,895 (**)	0,796 (**)	0,847 (**)
Жизнеспособность *Cupressus sempervirens*	-0,933 (**)	0,501 (**)	-0,999 (**)	0.122 (ns)	-0,999 (**)	-0,976(**)	-0,991(**)
Прорастание *Cupressus sempervirens*	-0,035 (ns)	-0,599 (**)	-0,420	-0,865(**)	-0,364 (**)	-0,184 (ns)	-0,270 (**)
Жизнеспособность *Fraxinus pennsylvanica*	0,775 (**)	-0,207 (**)	0,959 (**)	0.192 (ns)	0,940 (**)	0,860 (**)	0,902 (**)
Populus alba Технико-экономическое обоснование	0,992 (**)	-0,694 (**)	0,962 (**)	-0,357 (ns)	0,977 (**)	0,999 (**)	0,993 (**)

ns[1] : не значимо; * : значимо; ** : высоко значимо; N=17480

Коэффициент с сайта корреляция	Температура (°C)	Относительная влажность (%)	Скорость ветра (км/ч)
Жизнеспособность *Chenopodium album*	0,208 (*)	-0,604 (**)	0,698 (**)
Diplotaxis tenuifolia жизнеспособность	-0,973 (**)	0,784 (**)	-0,701 (**)
Жизнеспособность *Cupressus sempervirens*	0,979 (**)	-0,972 (**)	0,935 (**)
Прорастание *Cupressus sempervirens*	0,567 (**)	-0.164 (ns)	0.040 (ns)
Жизнеспособность *Fraxinus pennsylvanica*	-0,993 (**)	0,850 (**)	-0,778 (**)
Populus alba Технико-экономическое обоснование	-0,902(**)	0,999 (**)	-0,992 (**)

ns: не значимо; *: значимо; **: высоко значимо; N=17480

[1] Среднее значение за 24 часа

- Для сектора внутренних городов (таблицы 8 и 9, соответственно):

Коэффициент с сайта корреляция	CO (ppm)	SO2 (ppb)	PM10 (µg/m)³ Среднее значение 24 часа	NOx (pbb)
Жизнеспособность *Chenopodium album*	-0,212 (**)	-0.032 (ns)	-0,658(**)	0,222 (**)
Diplotaxis tenuifolia жизнеспособность	0,890 (**)	0,890 (**)	-0,895 (**)	0,999 (**)
Жизнеспособность *Cuppressus sempervirens*	-0.079 (ns)	0,101 (*)	-0,753 (**)	0,351 (**)
Жизнеспособность *Fraxinus pennsylvanica*	-0,797 (**)	-0,675 (**)	-0.010 (ns)	-0,466(**)
Прорастание *Fraxinus pennsylvanica*	-0,499 (**)	-0,648 (**)	0,993 (**)	-0,820 (**)
Populus alba Технико-экономическое обоснование	0,730 (**)	0,594 (**)	0.114 (ns)	0,370 (**)
Populus alba прорастание	-0,648 (**)	-0,5 (**)	-0,226 (*)	-0,263 (*)

ns: не значимо; *: значимо; **: высоко значимо; N=18117

Коэффициент с сайта корреляция	Температура (°C)	Относительная влажность (%)	Скорость ветра (км/ч)
Жизнеспособность *Chenopodium album*	-0,980 (**)	0,804 (**)	-0,724 (**)
Diplotaxis tenuifolia жизнеспособность	-0.059 (ns)	-0,369 (**)	0,482 (**)
Жизнеспособность *Cupressus sempervirens*	-0,945 (**)	0,717 (**)	-0,625 (**)
Жизнеспособность *Fraxinus pennsylvanica*	-0,872 (**)	0,997 (**)	-0,998 (**)
Прорастание *Fraxinus pennsylvanica*	0,593 (**)	-0.196 (ns)	0.072 (ns)
Populus alba Технико-экономическое обоснование	0,918430748 (**)	-0,9995026 (**)	0,987 (**)
Populus alba прорастание	-0,957 (**)	0,989 (**)	-0,963 (**)

ns: не значимо; *: значимо; **: высоко значимо; N=18117

- Для сектора парковых кварталов (таблицы 10 и 11, соответственно):

Коэффициент корреляции	CO (ppm)	SO2 (ppb)	PM10 (µg/m)^3 Среднее значение за 24 часа	NOx (pbb)
Жизнеспособность *Chenopodium album*	0,810 (**)	-0,985 (**)	-0.044 (ns)	0.171 (ns)
Diplotaxis tenuifolia жизнеспособность	-0.683 (ns)	0,934 (**)	0,234 (*)	-0,356 (*)
Жизнеспособность *Cupressus sempervirens*	0,860 (**)	-0,996 (**)	0.047 (ns)	0.081 (ns)
Жизнеспособность *Fraxinus pennsylvanica*	-0,968 (**)	0,979 (**)	-0,323 (**)	0,200 (*)
Populus alba Технико-экономическое обоснование	-0,417 (**)	-0,773 (**)	-0,530 (**)	0,634 (**)

ns: не значимо; *: значимо; **: высоко значимо; N=15694

Коэффициент с сайта корреляция	Температура (°C)	Относительная влажность (%)	Скорость ветра (км/ч)
Жизнеспособность *Chenopodium album*	0,391 (*)	-0,745 (**)	0,822 (**)

Diplotaxis tenuifolia жизнеспособность	-0,560 (**)	0,858 (**)	-0,915 (**)
Жизнеспособность *Cupressus sempervirens*	0,306 (*)	-0,681 (**)	0,766 (**)
Жизнеспособность *Fraxinus pennsylvanica*	-0.028 (ns)	0,449 (**)	-0,557 (**)
Populus alba Технико-экономическое обоснование	0,793 (**)	-0,976 (**)	0,995 (**)

ns: не значимо; *: значимо; **: высоко значимо; N=15694

Обсуждение и выводы

Во-первых, для пыльцы *Cupressus sempervirens* несколько более высокие показатели жизнеспособности были зарегистрированы в промышленном секторе (87,47%), по сравнению с парком (86,68%) и городской зоной (85,13%). Более того, для этого же вида проросшая пыльца была получена только в промышленном секторе (0,58%), что *априори* можно интерпретировать как индифферентную реакцию независимо от сектора, в котором были взяты пробы, и, следовательно, от наличия/отсутствия различных загрязняющих веществ. Во-вторых, для видов *Diplotaxis tenuifolia u Chenopodium album* не было зарегистрировано ни одного проросшего пыльцевого зерна ни в одном из трех секторов отбора проб, несмотря на наличие жизнеспособной пыльцы. Это может быть связано с различными требованиями к составу, условиям и времени культивирования. Поэтому необходимо скорректировать методы культивирования, чтобы проанализировать полезность прорастания пыльцы этих видов в качестве биоиндикатора загрязнения. В-третьих, самый низкий процент прорастания был зафиксирован для вида *Populus alba в* городской зоне, что согласуется с результатами, полученными Flückiger *et al.* (1978), относительно ингибирования роста пыльцевых трубок под воздействием загрязняющих веществ, образующихся в результате движения автотранспорта.

В промышленном секторе для большинства видов наблюдалась отрицательная связь между уровнем загрязняющих веществ и количеством жизнеспособных и проросших пыльцевых зерен. Это указывает на то, что промышленные загрязнители воздуха оказывают негативное влияние как на прорастание, так и на жизнеспособность пыльцевых зерен изучаемых видов. Эти результаты согласуются с результатами, полученными Г. Села Рензони *и др.* (1990) в их исследовании на *Pinus pinea* L. Исключением для данного места отбора проб являются *Diplotaxis tenuifolia u Fraxinus pennsylvanica,* коэффициенты корреляции которых показали положительные или близкие к нулю ассоциации между каждым из загрязнителей в отношении количества жизнеспособных пыльцевых зерен и проросших пыльцевых зерен. *Априори* можно было бы подумать, что эти виды практически не чувствительны к атмосферным загрязнителям, присутствующим в промышленном секторе. Более того, для промышленного сектора не удалось выявить ни одного загрязнителя, который, в частности, негативно влиял бы на прорастание и жизнеспособность пыльцы всех изученных видов.

Также не удалось найти общую для всех видов, изученных в промышленном секторе, закономерность в отношении корреляции с метеорологическими переменными. По результатам коэффициента корреляции можно сказать, что для *Diplotaxis tenuifolia* и *Fraxinus pennsylvanica* повышение средней температуры окружающей среды означает снижение показателей жизнеспособности и всхожести пыльцы, что согласуется с исследованиями Aronne *et al.* (2016). То же самое будет справедливо для этих видов в отношении скорости ветра. С другой стороны, при относительной влажности воздуха наблюдалось бы сопутствующее увеличение переменных параметров пыльцы. Это не относится к *Cupressus sempervirens* и *Chenopodium album,* где повышение температуры и скорости ветра может не повлиять или даже увеличить количество жизнеспособной и/или проросшей пыльцы. При увеличении относительной влажности все будет наоборот.

В секторе внутренних городов было обнаружено, что увеличение количества угарного газа (CO) отражается на снижении количества прорастающей жизнеспособной пыльцы для большинства видов. Исключение составляют результаты теста на жизнеспособность *Diplotaxis tenuifolia и Populus alba.* Кроме того, увеличение количества твердых частиц (PM10) будет связано с уменьшением жизнеспособности пыльцы для *Chenopodium album, Diplotaxis tenuifolia и Cupressus sempervirens. Что касается* увеличения оксидов азота (NO_X), которые в основном образуются в результате выхлопов автомобилей, то мы можем заметить, что *Fraxinus pennsylvanica* - это вид с самой низкой жизнеспособностью и прорастанием пыльцы, как это было в тестах, проведенных Flückiger *et al.* (1978) с видом *Nicotiana sylvestris.* По этой причине пыльца этого вида может считаться хорошим биондикатором выбросов NO_X. Необходимо продолжить испытания в течение более длительного периода времени, чтобы всесторонне проанализировать возможность ее использования в качестве биоиндикатора уровня NO_x в нашем городе.

Что касается сектора паркового соседства, то можно заметить, что *Chenopodium album* - это вид, который демонстрирует наибольшую чувствительность к присутствию сульфата, т.е. увеличение концентрации этого загрязнителя приведет к значительному снижению количества жизнеспособной пыльцы. То же самое можно наблюдать для этого вида и в отношении относительной влажности. *Diplotaxis tenuifolia, с* другой стороны, более чувствителен к угарному газу, но не к сульфату. Поэтому увеличение концентрации угарного газа приведет к уменьшению количества жизнеспособной пыльцы этого спонтанного вида. Скорость ветра и температура - это метеорологические переменные, которые в наибольшей степени влияют на жизнеспособность пыльцы *Diplotaxis tenuifolia, поэтому* их увеличение будет означать снижение жизнеспособности пыльцы. Случай с *Cupressus sempervirens* очень похож на случай с *Chenopodium album,* как в отношении загрязнителей, так и в отношении метеорологических переменных. Пыльцу *Fraxinus pennsylvanica* можно считать подходящей для мониторинга и анализа высоких уровней CO и PM10, поскольку она демонстрирует отрицательную связь с последними как в тестах на жизнеспособность, так и в тестах на прорастание.

Пыльца древесных пород была лучшим индикатором атмосферных загрязнителей, таких как CO, SO_4, NO_x, хотя общих закономерностей для трех мест отбора проб выявлено не было. Среди споровых видов пыльца *Chenopodium album* была более чувствительна к присутствию и концентрации загрязняющих веществ, чем *Diplotaxis tenuifolia.* Поскольку пыльца выбранных видов показала различную реакцию в разных местах отбора проб, можно сказать, что: *Chenopodium album* и *Cupressus sempervirens* показали более высокую чувствительность к загрязнителям воздуха в промышленном секторе; с другой стороны, *Fraxinus pennsylvanica и Populus* alba были лучшими индикаторами в городском секторе.

Проводя корреляционный анализ между тестами на жизнеспособность и прорастание и данными о температуре, влажности и скорости ветра, полученными из Национальной метеорологической системы, важно помнить, что полученные результаты являются лишь частичными, поскольку период отбора проб был коротким. По результатам анализа можно отметить отрицательную корреляцию между средней температурой и количеством жизнеспособной пыльцы всех видов, за исключением *Populus alba,* где наблюдается обратная зависимость. Количество проросших пыльцевых зерен *Cupressus sempervirens* также положительно связано со средней температурой. Увеличение относительной влажности приведет к очень заметному снижению количества жизнеспособных зерен *Populus alba.* Для всех видов скорость ветра оказывала различное влияние на количество жизнеспособных и проросших пыльцевых зерен.

В качестве предварительного вывода можно отметить, что для всех видов, использованных в данном исследовании, процент прорастания и жизнеспособности был выше в секторе паркового района, т.е. с меньшим движением и меньшей близостью к промышленным предприятиям. В целом, городская зона города показала промежуточный процент по сравнению с предыдущими секторами. Полученные результаты позволяют частично подтвердить гипотезу, поскольку на пыльцу большинства отобранных видов негативно влияло присутствие атмосферных загрязнителей, хотя были и некоторые исключения, описанные выше. Поскольку данная диссертация является первым анализом пыльцы как биоиндикатора загрязнения окружающей среды в городе Баия-Бланка, полученные результаты указывают на необходимость продолжения исследований в течение более длительного периода времени, чтобы сравнить полученные результаты. Также было бы целесообразно проанализировать другие культуральные среды для проведения тестов на прорастание пыльцы, и можно было бы проанализировать другие методы измерения жизнеспособности пыльцы.

Библиография

- Александр, М. П. 1969. *Дифференциальное окрашивание абортированной и неабортированной пыльцы.* Stain Technology 44(3): 117-122.
- Аронн Г. 1999. *Влияние относительной влажности и температурного стресса на жизнеспособность пыльцы Cistus incanus и Myrtus communis.* Grana 38(6):364-367.
- Аронне, Г.; Буонанно, М.; Де Микко, В. 2014. *Воспроизводство в условиях потепления климата: продолжительное зимнее цветение и увеличение продолжительности жизни цветка у единственного средиземноморского и приморского вида Primula.* Биология растений 17(2): 535-544.
- Аронне, Г.; Де Микко, В.; Скала, М. 2006. *Влияние относительной влажности и температурных условий на флуорохроматическую реакцию пыльцы Rosmarinus officinalis L. (Lamiaceae).* Protoplasma: 228: 127-130.
- Бионди, Э.; Казавеккиа, С.; Пезарези, С. 2012. *Нитрофильные и рудеральные виды как индикаторы изменения климата. Пример итальянского Адриатического побережья.* Биосистематика растений 146: 134-142.
- CABRERA, A. L. 1967. Флора провинции Буэнос-Айрес (Аргентина). Двудольные двудольные (от Piperaceae до Leguminosae). Научная коллекция INTA. Том IV. Часть III. Буэнос-Айрес.
- Калфуан, М. 2015. *Аэробиологическое исследование в природной зоне пампейских лугов.* Докторская диссертация, Национальный университет Сур.
- Кастровьехо, С. 1986. Иберийская флора: сосудистые растения Пиренейского полуострова и Балеарских островов. Том 1:

Lycopodiaceae-Papaveraceae. Королевский ботанический сад. Мадрид.
- Кастровьехо, С. 2006. Иберийская флора: сосудистые растения Пиренейского полуострова и Балеарских островов. Том III: Plumbaginaceae (partim)-Capparaceae. Королевский ботанический сад. Мадрид.
- Кастровьехо, С. 2012. Иберийская флора: сосудистые растения Пиренейского полуострова и Балеарских островов. Том XI: Gentianaceae-Boraginaceae. Королевский ботанический сад, Мадрид.
- Cela Renzoni, G., Viegi L., Stefani, A., Onnis A. 1990. *Различные реакции на прорастание in vitro пыльцы Pinus pinea из двух местностей с разным уровнем загрязнения.* Annales Botanici Fennici 27: 85-90.
- Исполнительный технический комитет, Секретариат по вопросам городской экологической политики. 2002. Отчет о качестве воздуха. Приложения 3 и 4: 113:163.
- Comtois, P., Schemenauer, R. S. 1991. *Жизнеспособность древесной пыльцы в районах, подверженных высокому выпадению загрязняющих веществ.* Aerobiologia 7: 144-151.
- Faur A., $teflea F., Ciuciu A. E. 2012. *Исследование жизнеспособности пыльцы как биоиндикатора качества воздуха.* Анналы Западного университета Тими$оары, сер. Биология, том XV (2):137- 140.
- Фернандес-Эскобар, Р.; Гомес-Валледор, Г.; Ралло, Л. 1983. *Влияние экстракта пестика и температуры на прорастание пыльцы in vitro и рост пыльцевых трубок у сортов оливы.* Журнал садоводческих наук 58: 219-227.
- Flückiger, W., Braun S., Oertli, J. J. 1978. *Der Einfluss verkehrsbedingter Luftverunreinigungen auf die Keimungund das Schlauchwachstum bei Pollen von Nicotiana sylvestris.* Загрязнение окружающей среды 16: 73-80.
- Форконе, А. 2014. Atlas melisopalinológico de la Patagonia Austral. - Bahía Blanca: Editorial de la Universidad Nacional del Sur. Ediuns.
- Готтардини, Е., Кристофолини, Ф., Паолетти, Е., Пеппони Г. 2004. *Жизнеспособность пыльцы для биомониторинга загрязнения*

воздуха. Журнал химии атмосферы 49, 149-159.

- Iannotti, O., Mincigrucci, G., Bricchi, E., Frenguelli, G. 2000. *Жизнеспособность пыльцы как биоиндикатор качества воздуха*. Aerobiologia 16: 361-365.
- Иоване, М.; Чирилло, А.; Иззо, Л.Г.; Ди Вайо, К.; Аронне, Г. 2022. *Высокая температура и влажность влияют на жизнеспособность и продолжительность жизни пыльцы Olea euroраеа L.* Агрономия 12, 1.
- Иссаракрайсила, М., Консидайн, Дж. А. 1994. *Влияние температуры на жизнеспособность пыльцы манго сорта 'Kensington'.* Анналы ботаники 73: 231-240.
- Келлер, Т., Беда, Х. 1984. *Влияние SO2 на прорастание пыльцы хвойных деревьев.* Загрязнение окружающей среды (Серия А) 33: 237-243.
- Masoomi-Aladizgeh F., Najeeb U., Hamzelou S., Pascovici D., Amirkhani A., Tan D.K., Atwell B.J. 2020. *Развитие пыльцы у хлопчатника (Gossypium hirsutum) очень чувствительно к тепловому воздействию на стадии тетрады.* Plant, Cell Environ 42(1):321-336.
- Micieta K., Murín G. 1998. *Три вида рода Pinus подходят для использования в качестве биоиндикаторов загрязненной окружающей среды.* Water, Air, and Soil Pollution 104: 413-422.
- Нархедкар В. Р. 2021. *Оптимистичное использование пыльцы в качестве биоиндикатора загрязнения окружающей среды.* Сельскохозяйственная наука: исследования и обзоры (том II): 110-117.
- Нитиу Д. С., Малло. А. С., Medina I., Parisi C. 2019. Атлас аллергенных пыльц Буэнос-Айреса, Аргентина. Archives of Allergy and Clinical Immunology 50(2):67-88.
- Porch T., Jahn M. 2001. *Влияние высокотемпературного стресса на микроспорогенез у теплочувствительных и теплоустойчивых*

генотипов Phaseolus vulgaris. Plant, Cell Environ 24(7):723-731.

- Szalay L, Froemel-Hajnal V, Bakos J, Ladányi M. 2019. *Изменения процесса микроспорогенеза и времени цветения трех генотипов абрикоса (Prunus armeniaca L.) в Центральной Венгрии на основе многолетних наблюдений (1994-2018 гг.).* Scientia Horticulturae 246:279-288.
- Вулетин Селак, Г.; Перица, С.; Горета Бан, С.; Поляк, М. 2013. *Влияние температуры и генотипа на производительность пыльцы оливы (Olea europaea L.).* Scientia Horticulturae 156, 38-46.
- Ванг, З., Ге Й., Скотт, М., Спангенберг, Г. 2004. *Жизнеспособность и продолжительность жизни пыльцы трансгенных и нетрансгенных растений овсяницы высокой (Festuca arundinacea) (Poaceae).* Американский журнал ботаники 91(4): 523-530.
- Вольтерс, Дж. Х. Б., Мартенс, М. Дж. М. 1987. *Влияние загрязнителей воздуха на пыльцу.* Ботаническое обозрение 53: 372-414.
- Wu Ju-You , Jin Cong , Qu Hai-Yong , Tao Shu-Tian , Xu Guo-Hua , Wu Jun , Wu Hua- Qing , Zhang Shao-Ling . 2012. *Низкая температура подавляет жизнеспособность пыльцы путем изменения актинового цитоскелета и регулирования ионных каналов плазматической мембраны пыльцы у Pyrus pyrifolia*. Экологическая и экспериментальная ботаника 78: 70-75.

Веб-ресурсы:

- Качество воздуха. Исторический. EMCABB I. Год 2021. Получено с сайта https://datos.bahia.gob.ar/dataset/calidad-de-aire-historico-emcabb-i.

- *Cupressus sempervirens L.: "обыкновенный кипарис".* (n/d). Edu.ar. Получено 2 июня 2023 г., с https://polen.agro.unlpam.edu.ar/index.php/2019/03/27/cupressus-sempervirens-l-cipres-comun/.
- Муниципалитет Баия-Бланка (n.d.). Получено с сайта https://www.bahia.gob.ar/.
- Национальные парки, А. (н/в). *Chenopodium album.* Информационная система по биоразнообразию. Получено 2 июня 2023 г. с сайта https://sib.gob.ar/especies/chenopodium-album?tab=info-general.
- Национальные парки, А. (н/в). *Chenopodium album*. Информационная система по биоразнообразию. Получено 2 июня 2023 г. с сайта https://sib.gob.ar/especies/chenopodium-album?tab=info-general.
- Национальные парки, А. (н/д-б). *Diplotaxis tenuifolia*. Информационная система по биоразнообразию. Получено 2 июня 2023 г. с сайта https://sib.gob.ar/especies/diplotaxis-tenuifolia.
- Национальные парки, А. (н/д). *Populus alba*. Информационная система биоразнообразия. Получено 2 июня 2023 г. с сайта https://sib.gob.ar/especies/populus-alba?tab=info-general.

MIX
Papier aus verantwortungsvollen Quellen
Paper from responsible sources
FSC® C105338

Printed by Books on Demand GmbH, Norderstedt / Germany